# Fauna ibérica en el Museo Nacional de Ciencias Naturales

## Los grupos biológicos de los hermanos Benedito

Por Santiago Aragón y Santos Casado

Fotografías de Jesús Muñoz y Fernando Señor

MINISTERIO
DE ECONOMÍA
Y COMPETITIVIDAD

CSIC
CONSEJO SUPERIOR DE INVESTIGACIONES CIENTÍFICAS

mncn
museonacionaldecienciasnaturales

Con la colaboración de:

SOCIEDAD DE AMIGOS DEL MUSEO
NACIONAL DE CIENCIAS NATURALES

# índice



▲ Águila imperial ibérica (*Aquila adalberti*)

# los hermanos Benedito en las salas del Museo Nacional de Ciencias Naturales

En el montaje de las salas del ala de biología del Museo se ha tratado de mostrar el mayor número posible de animales y, de forma especial, de grupos preparados por los hermanos José María y Luis Benedito en la primera mitad del siglo XX. Siempre que ha sido posible, los de mayor tamaño se han respetado tal y como se montaron dentro de sus vitrinas originales. Los de menores dimensiones se han integrado en las grandes vitrinas temáticas de reciente instalación, en las que se desarrolla el discurso expositivo. Además, se han añadido numerosos ejemplares aislados que sirven de apoyo a la hora de explicar los contenidos científicos. Tal es el caso del espécimen naturalizado de cabra de Gredos, *Capra pyrenaica victoriae*, ejemplar tipo de la subespecie descrita por Ángel Cabrera en 1914, que no solo ilustra qué es un endemismo ibérico, sino que también permite introducir unas nociones básicas de nomenclatura y taxonomía zoológica, es decir, sobre el cómo se describen y se nombran las especies. No es normal que un ejemplar tipo sea un animal taxidermizado, sino que suelen prepararse para ingresar en las colecciones científicas, formadas mayoritariamente por pieles curtidas y esqueletos desmontados. Esta peculiar circunstancia singulariza al macho montés en cuestión y lo convierte en uno de los ejemplares más valiosos de la exposición.

En las salas dedicadas a la fauna ibérica, los grupos zoológicos se han agrupado con la intención de recrear los principales paisajes de la Península. En el ecosistema de montaña se ha incluido como grupo principal el de los rebecos, acompañado por los de las águilas reales y los mirlos acuáticos. Como representantes de los paisajes de la estepa cerealista eran inevitables las avutardas y las grullas, junto a las que pareció oportuno mostrar los halcones peregrinos, pues aunque su lugar de nidificación se sitúe en las atalayas rocosas, sus áreas de campeo y caza son, fundamentalmente, las llanuras cerealistas de las dos Castillas. Propios de las lagunas y marismas mediterráneas son los patos cuchara, los martinetes, las garzas reales y las cigüeñas, una mínima representación de, por una parte, la enorme diversidad de vertebrados ibéricos ligados al medio acuático y, por otra, de la excelente colección de aves de nuestras tierras que José Mª Benedito legó al Museo Nacional de Ciencias Naturales. Para escenificar la fauna de los bosques se seleccionaron los grupos de búhos reales, garduñas y tejones, especies eminentemente forestales. En esas vitrinas se recrea el ambiente del sotobosque de una manera magistral, hasta el punto de provocar la impresión de haber interrumpido por casualidad en una escena de la vida íntima de los animales. En el centro de la sala se encuentran los dos grupos de cánidos ibéricos: los lobos y los zorros, animales que no se restringen a un tipo de paisaje concreto, sino que se mueven entre unos y otros, aprovechando los recursos de cualquiera de ellos y, sobre todo, la mayor diversidad de las zonas limítrofes entre ecosistemas, los llamados ecotonos.

A la exposición se le han ido añadiendo en distintas épocas otras vitrinas obra de los hermanos Benedito, como las águilas imperiales, los abejarucos (hoy en la sala central de Biología) o el oso de Asturias, conjuntos que no formaban parte del guión original. Esos cambios son buena prueba de la evolución temporal de cualquier exposición, que no por ser permanentes son necesariamente estáticas, sino que tienen, y deben tener, una elevada tasa de renovación y adecuación a las demandas e interés del público que las visita.

Jesús Dorda Dorda
*Conservador y guionista de la vicedirección de Exposiciones del MNCN*

# los museos de ciencias naturales y la taxidermia científica

NADA más entrar en las salas del Museo dedicadas a la fauna ibérica, uno tiene la impresión de haber conseguido parar el tiempo con su presencia. Unas vitrinas diáfanas protegen en su interior numerosos animales que, pese a su quietud, transmiten una inquietante impresión de seguir con vida. Listos para alzar el vuelo, para esconderse en sus madrigueras o para plantar cara, todos ellos son auténticas obras maestras de una técnica de conservación denominada taxidermia. Son lo que popularmente llamamos animales «disecados», aunque el término «naturalizados» les resulte hoy en día mucho más adecuado. Si los observamos a corta distancia vemos pelos o plumas, picos y garras, percibimos una piel perfecta. Pero, ¿qué tienen en su interior? ¿En qué consiste la naturalización de un animal? Además, ¿por qué han terminado estos dentro de unas vitrinas? Y por encima de todo, ¿por qué nos sigue turbando, y al mismo tiempo atrayendo, su presencia?

La taxidermia (vocablo derivado del griego *taxis*: colocación y *derma*: piel) permite la conservación en seco de la piel de los vertebrados, fundamentalmente de mamíferos y aves. La primera etapa del trabajo de un taxidermista consiste en la medición minuciosa del cuerpo del animal muerto, del que solo se conservarán la piel y, en ocasiones, parte de los huesos de las patas y del cráneo. Para evitar futuras proliferaciones de hongos o bacterias, la piel exenta se rasca con una espátula y se eliminan los restos de sebo y músculo antes de curtirla, tratamiento que la transformará en cuero e impedirá que se pudra.

Los orígenes del curtido hay que buscarlos en el uso de taninos, sustancias vegetales ácidas y astringentes, que fijan las fibras de colágeno. Ya en 1763, el conde de Buffon, Intendente del Jardín Real de París, propuso una eficaz mezcla a base de plantas

▲ Rebecos (*Rupicapra pyrenaica*)

aromáticas, cortezas de cítricos y especias. Sin embargo, la gran revolución llegó a finales del siglo XVIII, cuando Bécoeur, un farmacéutico francés, abandonó la maceración exclusivamente vegetal en favor de la química, gracias al jabón de arsénico. A partir de entonces, el espectro de productos utilizados para el lavado y fijación de los pellejos se amplió a otros compuestos como el sulfato de cobre, el azufre, la cal o el alumbre. Al final del proceso, la piel ya curtida se rehidrata y se unge con grasa para dotarla de nuevo de elasticidad.

Hasta mediados del siglo XIX, los rellenos utilizados para dar volumen a las pieles curtidas fueron hebras como el heno, la paja, el algodón, la crin o la lana. Más tarde, sobre todo para los mamíferos de tamaño medio y grande, se abandonó la práctica de embutir la piel y se impuso la fabricación de una escultura externa que posteriormente se revestía. Sobre ella se aplicaban detalles como los ojos, generalmente fabricados en cristal de Bohemia, o la lengua, hecha con escayola pintada u otros materiales blandos. Aunque actualmente los cuerpos se esculpan en ligeras resinas sintéticas, los primeros armazones de ese tipo, extremadamente pesados, se elaboraron a partir de una plancha de madera recortada con la forma del tronco del animal. Mediante alambres trenzados se reconstituían las patas y la cabeza. Ese esqueleto plano adquiría volumen gracias a una malla metálica que más tarde se recubría con estopas empapadas en escayola, material que permitía modelar hasta el más mínimo detalle de la morfología del animal. La piel se colocaba sobre el maniquí acabado y se adaptaba a cada pliegue de la escultura mediante alfileres. La expresión más lograda de esta manera de proceder fue la técnica denominada «dermoplastia», puesta a punto por Herman ter Meer, un taxidermista holandés afincado en Alemania.

Por lo que respecta al montaje final de la pieza, los ejemplares más antiguos, como algunos de los que se pueden contemplar en el almacén visitable del Museo de Madrid, son fiel testimonio del afán descriptivo de las primeras colecciones de ciencias naturales. Rígidos y carentes de todo artificio, los animales se colocaban sobre unas sobrias y frías peanas de madera. Poco a poco, sobre todo durante la segunda mitad del siglo XIX, en la composición se van introduciendo troncos, piedras y otros elementos naturales. Al mismo tiempo, los especímenes empiezan a transmitir dinamismo y las presentaciones se hacen mediante cuidadas escenografías llamadas dioramas.

Los animales naturalizados que el visitante puede descubrir en su visita no son, ni de lejos, todos los que hoy atesora el Museo Nacional de Ciencias Naturales de Madrid. Otros muchos permanecen convenientemente custodiados en las reservas de la institución. Sin embargo, esta selección de montajes sí que permite hacerse una idea de qué es la taxidermia científica frente a la taxidermia cinegética o taurina: una disciplina al servicio del progreso del conocimiento del medio natural y de un innegable potencial educativo. En su mayor parte datados en los primeros decenios del siglo XX, esos conjuntos ya patrimoniales conservan intacto su poder de evocación. El Museo asegura su correcta conservación y puesta en valor y sigue empleándolos, como uno de sus principales recursos materiales, a la hora de ilustrar exposiciones de actualidad científica de temáticas variadas. En un tiempo en que la realidad virtual cada vez se vuelve más accesible, incluso desde el propio teléfono móvil, tras situarse frente a uno de esos retazos de realidad sensorial, al visitante le envuelve una agradable sensación de cercanía. Contemplar el realismo de las escenas, la tensión de algunos de esos cuerpos y la indolencia de otros, pone sus sentidos en alerta y espera oír un grito de «¡acción!» que haga que la calma que sintió al entrar se desvanezca y logre que su imaginación penetre, libremente, a través de esas ventanas volcadas a la naturaleza.

# los Benedito y el descubrimiento de la fauna ibérica

«¡Qué bonito!» Lo dice una señora, nada más encontrarse con uno de los montajes de los hermanos Benedito dedicados a la fauna ibérica. Esta reacción se habrá repetido miles y miles de veces a lo largo de casi un siglo en las salas del Museo Nacional de Ciencias Naturales. Hoy, en pleno siglo XXI, los grupos de águilas, lobos, abejarucos o rebecos preparados por los Benedito en los años diez, veinte o treinta, siguen suscitando admiración y asombro, mezclado, también es cierto, con reacciones indicativas del incómodo estatus que la taxidermia ha adquirido en nuestra cultura contemporánea, perceptible en esa otra chica que, delante de la misma vitrina, exclama «¡dan mucha pena!», conmovida por la verosimilitud de la escena que contempla. Pero si nos retrotraemos al momento original en que estos montajes fueron preparados y mostrados al público madrileño y español, si pensamos en la capacidad que debieron de tener entonces para sorprender, narrar y educar a grandes y pequeños, en una época sin televisión ni ordenadores, sin documentales de naturaleza ni centros de interpretación ambiental, si hacemos ese esfuerzo retrospectivo, entonces podremos comenzar a comprender el enorme valor, además del excepcional mérito técnico y artístico, que estas elaboradas viñetas de la vida animal tuvieron para iniciar lo que bien pudiera llamarse el descubrimiento de la fauna ibérica.

Ese descubrimiento llevaba fraguándose, en realidad, desde mucho antes. Pero se trataba de un descubrimiento científico, restringido, especializado. La fauna ibérica, y en especial esos grupos más conspicuos y llamativos para el ser humano que son las aves y los mamíferos, habían atraído la atención de naturalistas pioneros de mediados del siglo XIX como Mariano

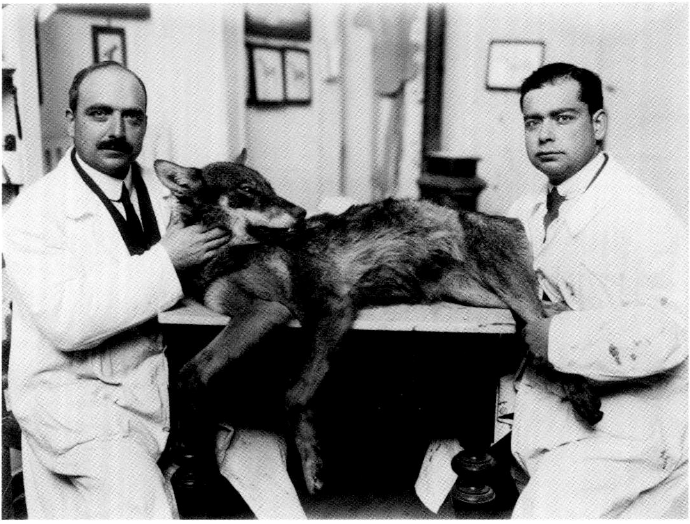

**Los hermanos Benedito, José María (a la izquierda) y Luis (a la derecha), iniciando la naturalización de un lobo (ACN004/001/08660)**

de la Paz Graells, muy ligado también a la historia del Museo. En sus intercambios con colegas europeos se hacía evidente la curiosidad científica por criaturas tan notables como la inicialmente llamada *Capra hispanica*, o el singular lince ibérico. Había interés por conseguir datos y ejemplares de la fauna española para completar las colecciones de los museos de las principales capitales de Europa. A partir de 1871, con la fundación de la Sociedad Española de Historia Natural, la investigación naturalista en nuestro país conoce un espectacular florecimiento. Uno de los promotores de la nueva asociación, el entonces joven entomólogo Ignacio Bolívar, acabará siendo el Director del Museo de Ciencias Naturales. Con él, en los primeros años del siglo XX, el Museo conoce una etapa de recuperación y crecimiento, plasmada en logros como el traslado en 1910 a la que todavía es su sede, en el Palacio de la Industria y de las Artes, o el inicio de proyectos de sistematización del conocimiento de nuestra naturaleza como las series *Fauna ibérica* y *Flora ibérica*, publicadas, aunque fuera con cuentagotas, a partir de 1914.

En ese contexto se produce también una revitalización del Museo como centro público, como foco de educación y cultura, difusor de las ciencias naturales y, en especial, de una cierta imagen de la naturaleza española, de nuestra «gea, flora y fauna», como parte de un más amplio esfuerzo científico y cultural, con un cierto carácter nacionalista y regeneracionista, para mejorar el conocimiento de la ciudadanía sobre su propio país. Bolívar moderniza las exposiciones del Museo en su nueva sede. Llega en 1913 el espectacular *Diplodocus* regalado por el multimillonario norteamericano Andrew Carnegie, que repartió a los mejores museos europeos duplicados del esqueleto fósil excavado y montado bajo su patrocinio en los Estados Unidos. Y comienzan también a instalarse los animales naturalizados y los grupos o dioramas, formados por varios ejemplares en una recreación de su ambiente natural, preparados por los hermanos Luis y José María Benedito.

Los valencianos José María y Luis Benedito, nacidos en 1873 y 1884 respectivamente, se habían criado en una familia en la que se reunían el cultivo de la taxidermia y el de las bellas artes. En 1907 llegó al Museo Pepe, el mayor de los dos, que se iba a especializar en la preparación de aves. Unos años después se incorpora su hermano Luis, que acabará destacando sobre todo en la naturalización de grandes mamíferos. Para esta última tarea, el joven taxidermista perfeccionó su formación en Holanda y Alemania, donde tuvo como maestro al notable

**Aspecto del taller de taxidermia en el Museo Nacional de Ciencias Naturales** (ACN004/001/08707)

taxidermista y escultor Herman ter Meer. Combinando talento artístico, destreza técnica y rigor científico, los Benedito fueron creando la prodigiosa serie de grupos de aves y mamíferos ibéricos que pronto iba a convertirse en la estrella de las nuevas salas del Museo. En su cometido oficial y en su taller particular, prolongaron desde Madrid su apreciada labor durante toda la primera mitad del siglo XX, hasta el fallecimiento de José María en 1951 y de Luis en 1955.

Los Benedito fueron un fichaje de Bolívar para completar su proyecto de renovación y modernización del Museo en consonancia con la tendencia por entonces ascendente en museos de historia natural de todo el mundo de recurrir a estas formas de taxidermia muy elaboradas, artísticas al tiempo que científicas, para captar la atención del público y ofrecer una versión más completa, viva y dinámica de las ciencias naturales. Tal como se ha explicado en el apartado anterior, los llamados dioramas muestran un fragmento de vida animal en su propio ambiente, lejos de las descarnadas secuencias de ejemplares estáticos sobre sus peanas, incomunicados, por así decir, unos de otros. La ecología se impone a la taxonomía. Y la combinación de animales y medio ambiente cuenta algo también sobre entornos concretos, sobre lugares que pueden tener una significación especial para el espectador.

**Estudio de un nido de abejaruco sobre el terreno**
**(ACN004/002/08836)**

**Luis Benedito junto al toro Verdejo, de la ganadería de Veragua, que él naturalizó (ACN003/004/08592)**

Si bien el Museo encargó a los Benedito trabajos de naturalización de grandes y espectaculares animales de tierras lejanas, caso del elefante o la jirafa, que siguen destacando hasta el día de hoy en sus salas, se concedió clara preferencia a la fauna española. En este caso, las vívidas escenas recreadas con maestría por Luis y José María Benedito, en las que varios animales, a menudo un grupo familiar, se nos presentan en un retazo de los bosques, las montañas o los campos ibéricos, querían ofrecer al público español un retrato de la naturaleza nacional, centrado en lo que de más típico, singular o atractivo esta pudiera tener. Las aves, especialidad de José María, y los mamíferos, preferidos por Luis, resultaban grupos idóneos para este propósito. Las cabras en las altas peñas de Gredos, los abejarucos en un terraplén castellano o las aves acuáticas de L'Albufera evocaban la variada e idiosincrática personalidad de natura hispana. Y la pareja de linces, joya del monte mediterráneo, que pasaba por primera vez de la categoría de alimaña a la de objeto de interés y admiración, parece sugerir que también aquí pueden hallarse los barruntos de una nueva actitud hacia la conservación de la naturaleza. Pero esa ya es otra historia, que habrá de quedar para una próxima ocasión.

# las grandes rapaces

AL situarse frente al panel de ingreso a las salas dedicadas a la fauna ibérica, el visitante descubre a su derecha una vitrina con dos águilas imperiales (*Aquila adalberti*). Se trata de un ejemplar adulto, reconocible por su plumaje oscuro sobre el que resaltan unas intensas manchas blancas situadas en el borde de las alas, y de un juvenil, mucho más claro. La especie, símbolo indiscutible de la naturaleza ibérica, durante mucho tiempo amenazada de extinción y hoy, afortunadamente, en claro proceso de recuperación de sus poblaciones, nos da la bienvenida a una interesante e instructiva muestra distribuida en tres salas. Recorriéndolas, además de descubrir parte de las especies zoológicas propias de nuestro país, disfrutaremos del legado patrimonial de los hermanos José

**Halcón peregrino (*Falco peregrinus*)**

▼ **Águila real (*Aquila chrysaetos*)**

María y Luis Benedito Vives, sin duda dos de los mejores taxidermistas españoles hasta el día de hoy.

Si nos detenemos un momento frente a esa vitrina, enseguida detectaremos ciertas pautas de trabajo que les son propias. En primer lugar, la inmensa mayoría de sus creaciones están firmadas y fechadas. Lo más habitual es que esta información se aporte sobre una piedra situada en primer plano, como la que se ve en el grupo que nos ocupa, finalizado en 1952. Rara vez los datos se indican sobre otro tipo de soporte. El grupo de los halcones peregrinos (*Falco peregrinus*) de la segunda sala, en el que la firma «J.M. Benedito, 1926» se estampa sobre un pequeño cartel de madera elevado sobre un poste, constituye una curiosa excepción.

Otra peculiaridad es que las pequeñas parcelas de terreno sobre las que se instalan los animales, reducidos fragmentos de suelo que recrean el aspecto del hábitat natural de la especie, se solían componer con piedras y plantas secas recogidas en los mismos parajes en los que se capturaron los ejemplares. Por ejemplo, la pareja de águilas imperiales jóvenes de la primera vitrina central, una de ellas afanada en devorar una perdiz roja que acaba de capturar y la otra con las alas desplegadas, evolucionan en un espacio elaborado con material procedente del Monte de El Pardo, donde fueron capturadas en 1915, según información recopilada en el archivo del Museo, ya que este grupo, excepcionalmente, no está firmado.

La tercera característica es la de constituir conjuntos dinámicos, que cuentan una pequeña historia y aportan información sobre la biología de la especie gracias a la inclusión de varios ejemplares que permiten diferenciar, por ejemplo, los machos de las hembras, o los adultos de los jóvenes. El visitante podrá encontrar estas tres constantes del trabajo de los hermanos Benedito en todos los montajes de la exposición. Como ejercicio didáctico, proponemos buscarlas en las vitrinas dedicadas a los otros grandes señores de los cielos ibéricos, el águila real (*Aquila chrysaetos*) y el búho real (*Bubo bubo*), ambas en la segunda sala.

▼ **Búho real (*Bubo bubo*)**

# el flamenco y los grupos perdidos

En el centro de la primera vitrina que el visitante encuentra a su derecha, se yergue un delicado flamenco rosa (*Phoenicopterus ruber*). El animal procede de Torremolinos (Málaga) e ingresó en las colecciones del Museo en 1919. En la actual presentación, el ave solitaria hace eco con el esqueleto montado de otro individuo de su misma especie. Sin embargo, en origen, el ejemplar en cuestión y tres más componían un animado grupo de zancudas a la orilla de una marisma, en una dinámica composición creada por José María Benedito e instalada durante la reforma de las salas de Ornitología que se llevó a cabo en 1944. Los compañeros de bando de nuestro flamenco siguen en las salas del Museo y encontrarlos se convierte en un auténtico juego de pistas. Uno de ellos se localiza dentro de la vitrina titulada «El Jardín del Edén», obra contemporánea de la artista americana Rosamond Purcell, que ocupa la parte central del espacio que recrea un antiguo gabinete de historia natural. Otro más se puede ver en el «almacén visitable» de aves y mamíferos. El tercero, con las alas desplegadas, diariamente sorprende a los niños y niñas que disfrutan de los talleres formativos en el aula pedagógica del Museo.

El de los flamencos no es el único conjunto de los Benedito que terminó desmontado. Los gorilas de llanura (*Gorilla gorilla*), un grupo familiar formado a partir de las pieles enviadas en 1924 desde la

▲ **Flamenco rosa (*Phoenicopterus ruber*) y esqueleto de la misma especie**

**Montaje desaparecido del grupo de flamencos rosas (ACN004/002/08920)**

antigua provincia de Río Muni, porción continental de la actual Guinea Ecuatorial, corrió una suerte parecida. El imponente macho adulto, en postura bípeda, hoy ilustra una de las vitrinas de la galería dedicada a la evolución humana. Por su parte, la solícita hembra que protege entre sus brazos a su pequeño desvalido ha encontrado acomodo en la exposición consagrada a la diversidad biológica, en la galería central del ala de Biología del Museo. Los ñandúes (*Rhea americana*) han perdido su pequeña porción de paisaje pero permanecen unidos en el «almacén visitable». Los gamos (*Dama dama*), un macho y tres hembras, salieron de su vitrina y desde entonces están ocultos en los almacenes de la institución.

Tal vez, el caso más lamentable sea la pérdida del histórico grupo de cabras monteses (*Capra pyrenaica*), un logradísimo diorama que reproducía fielmente los riscos de Gredos y que daba cobijo a dos machos, dos hembras y un chivo. El impacto del conjunto fue tal que la especie se convirtió en emblema del Museo y del medio natural ibérico. Luis Benedito, su autor, realizó otros dos montajes más (esta vez de macho, hembra y chivo) destinados a los museos de ciencias de Londres y Estocolmo, ciudades hasta las que se desplazó para montar los dioramas. Durante un tiempo, los señores de nuestras cumbres actuaron de firmes embajadores de la rica naturaleza hispana.

**Antigua vitrina de la familia de gorilas de llanura, hoy desaparecida** **(ACN003/004/08527)**

**Diorama desaparecido de las cabras de Gredos**
**(ACN004/001/8695)**

**Antigua vitrina del grupo de gamos, hoy desaparecida**

# los jilgueros y los grupos de pequeñas aves

Para llegar a entender el alcance de la obra de los hermanos Benedito basta un único ejercicio: situarse frente a la primera vitrina mural derecha y observar. El espacio expositivo está dedicado a las aves de los ecosistemas mediterráneos y son varias las especies que allí se presentan. Fijémonos en un pequeño córvido azulado, posado sobre una elaborada percha de madera, que responde al nombre de rabilargo (*Cyanopica cyanus*). La cartela nos indica que fue naturalizado en 1889. Firmemente sujeto sobre su soporte, el animal únicamente nos da idea de su tamaño y de los colores de su plumaje. Otras dos aves cercanas, el ánade rabudo (*Anas acuta*) y la amenazada cerceta pardilla (*Marmaronetta angustirostris*), el primero sin fecha de naturalización y la segunda de 1885, nos producen la misma impresión, con la salvedad de que, esta vez, la estilizada percha se sustituye por una simple plancha de madera.

Ahora bajemos la vista hasta fijarla en la balda inferior. Sobre unos cuantos cardos resecos, un grupo de cinco jilgueros (*Carduelis carduelis*) rebusca semillas con sus afilados picos, un abundante recurso que les permite desplazarse en bandos. El ligero peso de los pajarillos hace que las cabezas de los cardos sobre los que se posan se inclinen levemente. A su lado, dos hermosos ejemplares de calamón (*Porphyrio*

▼ **Jilgueros (*Carduelis carduelis*)**

**Grupo de anátidas fotografiado en el exterior del Museo**

*porphyrio*) se desplazan en busca de plantas acuáticas sobre un suelo fangoso y reblandecido, sobre el que a duras penas logran no hundirse gracias a los largos dedos de sus patas, intensamente coloreadas de rojo. Junto a ellos, una pareja de sisones (*Tetrax tetrax*) y tres gangas (*Pterocles alchata*) se agazapan contra el suelo agostado de cualquier estepa ibérica, seguros de la eficaz protección que les brinda su mimético plumaje. Además de mostrar las características propias de la morfología de sus respectivas especies, todas estas aves, naturalizadas entre 1914 y 1929, nos están aportando información acerca de sus costumbres y de su medio de vida.

Más allá de esta lectura, los grupos de los Benedito son auténticas obras de arte en las que la composición está minuciosamente cuidada. Tal delicadeza se comprueba en la pareja de carboneros

**Pareja de sisones (Tetrax tetrax). El macho está de pie y la hembra acostada**

(*Parus major*) de esa misma vitrina, obra de José María, o en las comadrejas (*Mustela nivalis*) y la liebre tumbada (*Lepus granatensis*) de la siguiente, debidas a Luis. Su componente artístico es tal, que parte de los grupos que hoy atesora el Museo Nacional de Ciencias Naturales llegaron hasta aquí procedentes del Museo Nacional de Artes Decorativas, donde ingresaron como donaciones de particulares amantes de las artes suntuarias.

**Grupo de gangas (*Pterocles alchata*)**

(***Porphyrio porphyrio***). Inferior: **Comadrejas (*Mustela nivalis*)**

# los abejarucos

He aquí una de las joyas taxidérmicas de la colección del Museo. De todos los grupos concebidos y ejecutados por los hermanos Benedito en esa edad dorada del Museo que fueron los años diez, veinte y treinta, los abejarucos son quizá la pieza más acabada y completa. Por un lado, esta animada sociedad multicolor de avecillas afanadas en sus quehaceres pajariles cumple con el requisito de mostrar al público un ejemplo significativo de la fauna ibérica. Los abejarucos (*Merops apiaster*), con su exótico plumaje arco iris, ponen una nota casi africana en el paisaje mediterráneo de la Península y, aunque no sean en Europa exclusivos de nuestra avifauna, representan bien la personalidad diferenciada de la naturaleza ibérica en el contexto europeo.

Por otra parte, su comportamiento gregario y sus hábitos reproductivos coloniales convertían a los abejarucos en materia ideal para las representaciones colectivas y, por así decir, interactivas que los Benedito preferían para sus montajes. Varios ejemplares, muchos en este caso, en distintas y complementarias actitudes, volando, posados, saliendo y entrando en su búsqueda de insectos, ocupándose de sus pequeños. Áves adultas y jóvenes. Y todo ello en un escenario también especial, gracias a la peculiar forma de anidación de los abejarucos, que ponen sus huevos en huras o pequeños túneles excavados en taludes y terraplenes arenosos. Esta peculiaridad, además de informativa para el público, brindaba la oportunidad de recrearse no solo en el

**Abejaruco con la puesta en el interior del nido**

**▲ Grupo de abejarucos (*Merops apiaster*) al borde de un talud arenoso**

**Adulto alimentando a un pollo**

virtuosismo que los Benedito, en este caso el especialista en aves José María, desplegaban en la preparación de los ejemplares sino también en la minuciosa y efectista recreación de los fragmentos de hábitat ibérico en los que los colocaban.

El verismo de los escenarios era, además, una expresión de la voluntad de rigor científico que históricamente ha acompañado a la técnica de los dioramas en los museos de historia natural. En este caso, el terraplén de los abejarucos fue importado desde los paisajes del bosque mediterráneo del monte de El Pardo, cerca de Madrid, hasta las vitrinas del Museo gracias a un meticuloso trabajo de campo y gabinete. La importancia atribuida a este científico proceder por sus propios autores se refleja en la etiqueta manuscrita que se adhirió al montaje, en la que se indica que «durante el verano de 1916» fue este «tomado exactamente del natural».

Recientemente el grupo de los abejarucos se ha traslado a la galería central del Museo dedicada a la exposición permanente sobre biodiversidad.

**Pollos en el nido**

▼ Vista frontal, posterior y lateral del grupo de abejarucos, obra de José María Benedito

# los grupos de aves medianas

La segunda vitrina central de la primera sala más bien parece una pajarera en la que las aves, poco a poco, van recobrando la calma tras un repentino sobresalto. La confusión generada por el revuelo de alas desplegadas o abatidas en realidad esconde cuatro grupos biológicos distintos, montajes que van a aportarnos nuevas informaciones sobre los hermanos Benedito y su labor como pioneros de la taxidermia científica en España.

El más grande está dedicado a los milanos, rapaces del género *Milvus* que en nuestro país está representado por dos especies distintas: el milano real (*M. milvus*) y el milano negro (*M. migrans*), ambas seriamente amenazadas en el momento actual. La intención didáctica del grupo es más que evidente. Situar a ambas especies sobre un mismo tronco permitía compararlas de cerca para aprender a distinguirlas en el campo, en un tiempo en que ambas eran abundantes. Además, para cada una de ellas se muestran tanto el macho como la hembra, en un intento de resaltar el leve dimorfismo sexual de estas rapaces diurnas. Un discreto número sobre un pedazo de papel permite identificar cada animal: (1) macho de milano real con un conejo de monte recién capturado entre sus garras; (2) hembra de milano real; (3) macho de milano negro; (4) hembra de milano negro.

El grupo de los milanos está firmado por José María Benedito y Julio Patón en 1949. Efectivamente, más allá de su propio legado, los hermanos Benedito formaron a toda una generación de taxidermistas que trabajaron en el Museo Nacional de Ciencias Naturales y cuyos nombres (Patón, Chaves, Lloréns...) se pueden ir descubriendo en muchas de las vitrinas de las salas abiertas al público. El llamativo grupo de los mirlos acuáticos (*Cinclus cinclus*), evolucionando en un pequeño talud al borde del agua, es obra de Julio Patón y en ella se puede reconocer el estilo de sus maestros.

▲ **Milano real (*Milvus milvus*)**

Carracas (*Coracias garrulus*)

Los grupos de las carracas (*Coracias garrulus*), una de las joyas aladas de la avifauna ibérica por el intenso colorido de su plumaje, y de los cernícalos comunes (*Falco tinnunculus*), en el que la hembra aparece con las alas desplegadas y el macho en reposo, son ejemplos típicos de los montajes dedicados a una sola especie. Por el contrario, el último de los grupos de la vitrina, el de los córvidos, tiene la peculiaridad de reagrupar tres especies diferentes, en actitud más bien estática, para facilitar su identificación, como en las páginas de una guía de campo. Las especies representadas son la corneja negra (*Corvus corone*), reconocible por ser la de mayor tamaño, la graja (*Corvus frujilegus*), inconfundible por la porción de piel desprovista de plumas alrededor del pico, y la grajilla (*Corvus monedula*), la más menuda, con unas llamativos brillos plateados en la cabeza.

# el oso pardo

El oso pardo de la cordillera Cantábrica (*Ursus arctos*) es el ejemplo más ilustrativo del apoyo que Alfonso XIII dispensó al Museo Nacional de Ciencias Naturales a lo largo de su reinado. Además, el plantígrado en cuestión es uno de esos «animales con historia», ejemplares vinculados a una anécdota o episodio que los singulariza y los convierte en protagonistas de curiosos relatos que, una y otra vez, se evocan en su presencia.

El del animal que nos ocupa nos lo cuenta Pedro Pidal, marqués de Villaviciosa, en un pequeño fascículo de 29 páginas que él mismo editó en Madrid. En él da cuenta de las peripecias de la caza del oso durante el otoño de 1915. El animal cayó abatido por un tiro de procedencia incierta que se atribuían tanto el marqués como un primo suyo, José Bernaldo de Quirós, apodado Pepón. Ante la insistencia de este último, Pedro Pidal accedió a compartir la captura y decidió regalar la piel del oso al Museo, donde debería figurar con la inscripción: «*Oso muerto en el monte de las Sendas de Villar de Vildas en el Concejo de Somiedo, Asturias, el 7 de Octubre de 1915, por los señores marqués de Villaviciosa de Asturias y D. José Bernaldo de Quirós y regalado al Museo Nacional de Historia Natural de Madrid por ambos señores*». Como era de esperar, la naturalización del soberbio ejemplar se encomendó al taller de los hermanos Benedito, en Madrid.

Un año después, Pepón insistió en salir de nuevo de caza pero el marqués, ocupado en la tramitación de la ley de Parques Nacionales, no pudo complacerle. Le prohibió tajantemente ir por su cuenta y semejante negativa desencadenó la ira de Pepón. Se plantó frente a los Benedito y les dijo que el oso no iría al Museo porque era suyo, que del taller saldría directamente para su casa. La polémica estaba servida. Los hermanos Benedito detuvieron su trabajo ante el temor de una denuncia y únicamente la intervención del monarca, que ya había manifestado su deseo de regalar al Museo un digno ejemplar de la especie, puso fin a la disputa. Todos los gastos del montaje corrieron a cargo de los cazadores y solo el nombre de Alfonso XIII figuró sobre la placa metálica de entrega que se colocó en la vitrina.

El marqués tomó buena nota del episodio y, en referencia a su primo, concluyó su publicación con esta moraleja: «*el que lo quiere todo para sí y nada para el prójimo, tras perder la grandeza moral y la simpatía de las gentes, se expone a quedarse sin nada y lo merece. La ambición rompe el saco. El afán de notoriedad, por otra parte, también suele conducir al ridículo. Y del orgullo no hay que hablar. Nada tan encantador como el dicho célebre de Voltaire: el orgullo infinitamente grande es lo propio de los infinitamente pequeños*».

◀ **Oso pardo del Cantábrico (*Ursus arctos*) (ACN003/004/08646)**

# los linces

Aunque no les falta la elegante belleza que les es característica, quizá no sea el de los linces el más logrado de los excelentes grupos de mamíferos preparados por Luis Benedito. Acostumbrados como hoy estamos a tener múltiples referencias visuales del lince ibérico, fotografiado y filmado hasta la saciedad como auténtico icono de la fauna española, los dos animales que nos contemplan desde su vitrina parecen no acabar de encarnar la estampa flexible, la mirada impenetrable, la dinámica suavidad del gran gato de nuestro monte mediterráneo.

Y es que los Benedito, cuyo método requería una auténtica reconstrucción escultórica en el caso de los grandes mamíferos, no dispusieron, para abordar su creación, de la familiaridad iconográfica que hoy tenemos con el lince ibérico (*Lynx pardinus*). Considerado por entonces una alimaña, y carente del prestigio cinegético de otras grandes fieras, caso del oso, no había apenas láminas, mucho menos fotos o películas, de linces ibéricos en su actitud y su hábitat naturales. Ese es precisamente el mérito de este grupo encargado por el Museo, ofrecer, seguramente por primera vez, una imagen del lince ibérico al gran público. El interés científico que se derivaba de su singularidad zoológica, como especie exclusiva de la Península, podía ser así el primer paso, ayudado por su innegable belleza, para ir cambiando la percepción de este fascinante animal. Tal cosa no se conseguiría plenamente hasta mucho después, gracias especialmente al esfuerzo divulgador desplegado por Félix Rodríguez de la Fuente en los años sesenta y setenta.

Hoy el lince es probablemente el mejor y más apreciado emblema de nuestra fauna. Y este grupo del Museo invita a reflexionar sobre este positivo cambio de percepción en nuestra historia reciente. Cambio que, paradójicamente, ha ido unido a la vertiginosa rarefacción que los cambios ambientales del último siglo han causado en este felino, colocado hoy al borde mismo de la extinción a pesar de los esfuerzos lanzados en las últimas décadas para evitarlo. Los ejemplares del Museo fueron cazados en 1915 por Juan Luis de Ibarra en Almuradiel, provincia de Ciudad Real, localidad cercana a una de las pocas poblaciones que aún hoy subsisten, en los montes de Sierra Morena.

▼ **Lince ibérico (*Lynx pardinus*)**

# las avutardas

UNA piedra, discretamente colocada en el ángulo inferior izquierdo de la vitrina, indica que el llamativo grupo de las avutardas (*Otis tarda*) fue creado por José María Benedito en 1918. Cartas y otros documentos conservados en el rico archivo del Museo Nacional de Ciencias Naturales aportan más información al respecto. El macho y dos de las hembras fueron abatidos por un guarda, en 1916, en el interior de la finca La Cepilla, en la localidad madrileña de Brunete. La tercera hembra, difícil de identificar con exactitud, procede de Valencia. Su piel curtida, en espera de ser montada, formaba parte de las colecciones del Museo desde 1906.

▲ Grupo de avutardas (*Otis tarda*)

Esas mismas cartas cuentan cómo Luis y José María Benedito se desplazaron, desde Madrid hasta Brunete, para estudiar personalmente las características del terreno en el que vivieron los animales. Allí descubrieron una rica estepa cerealista, un paisaje surgido de la intensa acción transformadora del ser humano pero inmensamente rico en diversidad biológica, uno de los ecosistemas más extendidos por toda la Península Ibérica. Recrearlo en una vitrina no era tarea fácil y, para lograr mayor verosimilitud, solicitaron al propietario de la finca gavillas de trigo, manojos de espigas que hoy se pueden apreciar fácilmente en el fondo de la vitrina, donde cubren generosamente más de la mitad del espacio disponible. Los animales ocupan la parte frontal, el primer plano de la escena, un lugar despejado que simula una linde repleta de cardos y de otras muchas plantas secas en medio de las cuales brotan falsas flores de tela, entre las que las familiares amapolas llaman poderosamente la atención por el intenso color rojo de sus pétalos.

La avutarda es una de las aves voladoras de mayor peso. Un macho puede alcanzar fácilmente los quince kilos de peso y la envergadura de sus alas desplegadas llega a superar los dos metros. La composición de José María Benedito permite apreciar el marcado dimorfismo sexual que existe en la corpulencia de esta especie. El macho, el ejemplar que se sitúa más cerca de la piedra firmada con el nombre del taxidermista, prácticamente duplica en tamaño a las hembras, mucho más gráciles. La disposición elevada de la cola, o la marcada longitud de las plumas del cuello, son otros caracteres que permiten diferenciar ambos sexos, sobre todo durante la época de celo, cuando el macho se exhibe en una elaborada danza nupcial para atraer a las hembras. Tanto machos como hembras lucen, sin embargo, una misma coloración mimética basada en una deslumbrante combinación de blanco, negro y tonos ocres que dificulta su localización en los extensos campos de cereal.

▼ Detalle de la cabeza de una hembra de avutarda (*Otis tarda*)

# los zorros

DIRÍASE que los grupos de tipo familiar fueran los preferidos para los hermanos Benedito, quienes no dejaron pasar la ocasión, dependiendo lógicamente de la disponibilidad de ejemplares, de montar escenas compuestas por parejas con sus crías. La empatía antropomorfizante que con tal recurso podía conseguirse y el toque amable que la amorosa convivencia de los adultos con sus pequeñuelos aportaba alcanzan su mejor expresión en el notable grupo de los zorros, en el cual el carácter de animal predador y su estigma de alimaña evidencian aun más, precisamente por haber quedado en este caso disueltos, la eficacia de este recurso retórico a lo familiar con tanta maestría aplicado por los Benedito en sus composiciones.

Este estilo más narrativo y etológico, por aplicar un término moderno, y menos descriptivo y morfológico, caracteriza los dioramas que se impusieron en muchos museos de historia natural desde finales del XIX. Se recogía así una tendencia anterior en la presentación visual de las ciencias de la naturaleza, que en el caso de los animales tuvo, por ejemplo, un temprano y notorio exponente en las láminas de aves pintadas por el norteamericano John James Audubon. Trasformadas en grabados, estas ilustraciones fueron publicadas en *The Birds of America*, que apareció, en sucesivas entregas, entre 1827 y 1838. Los pájaros de Audubon, casi siempre representados en un fragmento de su hábitat, aparecían a menudo en interactivos grupos familiares, en los que podía leerse un breve pero expresivo capítulo de su biología.

De igual modo, en este bonito grupo del Museo, esa vida en familia, captada en un plácido instante de reposo de mamá y papá zorros, que dormitan con sus cuatro encantadores zorreznos frente a su madriguera, traslada al espectador un claro énfasis en los aspectos vitales y relacionales de los organismos. Esta vitrina nos habla de reproducción y de vínculos entre individuos. La información adicional que proporciona la cuidadosa reconstrucción de la entrada de la zorrera, y el ave cazada para alimento del grupo, cuyos restos mordisquea uno de los cachorros, completan la riqueza informativa de este «grupo biológico», según la expresiva denominación que fue frecuente en la época para referirse a este nuevo tipo de montaje museístico.

El virtuosismo taxidermista desplegado un vez más por Luis Benedito se refleja precisamente en la variedad de posturas

**▼ Raposa (*Vulpes vulpes*) con su camada en la entrada de la zorrera**

adoptadas por los animales del grupo, entre la indolencia y una alerta moderada, y en el efecto de verosimilitud que trasmite la escena en su conjunto. Para ello, y abundando en lo ya comentado, se llega en este caso a renunciar por completo a la presentación de ejemplares en el tipo de posición erguida que solía preferirse en aquellos otros montajes, más tradicionales, con los que se pretendía ayudar al espectador a apreciar la morfología y los rasgos distintivos de la especie de que se tratase. A cambio, el taxidermista, combinando su oficio con la expresividad del escultor y los conocimientos del naturalista, nos acerca a la realidad activa, dinámica y multiforme del animal viviente.

# los lobos

Si hay un animal en nuestro país al que la cultura popular haya identificado con el trasnochado término de «alimaña» ese es, sin duda, el lobo (*Canis lupus*). Temida y odiada, la especie ha sido perseguida sin cuartel por ser firme competidora del ser humano. En España, hasta bien entrada la segunda mitad del siglo XX, aquellos que presentaban despojos de la desdichada bestia ante las autoridades eran recompensados por contribuir a su erradicación. Por fortuna, hoy en día el lobo es un animal admirado que aporta una ansiada sensación de naturaleza salvaje y de libertad a aquellos parajes en los que todavía habita.

La vitrina de los lobos del Museo Nacional de Ciencias Naturales presenta un grupo familiar dispuesto en un orden jerárquico que también puede ser observado en las cercanas vitrinas de los rebecos (*Rupicapra pyrenaica*) y de los tejones (*Meles meles*). El macho ocupa una posición dominante en la parte alta del terreno. En un plano medio se sitúa la hembra y, a sus pies, se dispone la cría. El lobezno y el chivo de rebeco están indolentemente tumbados en posición de reposo, mientras que el pequeño tejón se precipita hacia el exterior en actitud juguetona. En los tres montajes, todos los animales miran hacia afuera estableciendo un intenso juego de miradas con el visitante.

La firma de Luis Benedito es perceptible en un trozo de granito cercano al lobezno que, sin embargo, no indica la fecha de realización. De nuevo, el archivo de la institución aporta toda la información. Un intercambio de cartas, ocurrido durante el invierno de 1916 entre José María Benedito y un cazador llamado Juan Luis de Ibarra, da buena cuenta del envío de los dos lobos adultos al Museo. El macho fue abatido por el propio Ibarra en los montes de Navas de la Condesa, cerca del término municipal de Almuradiel (Ciudad Real). De forma bastante simbólica, poco tiempo después, la esposa de Ibarra se cobró una loba a la que dieron por pareja del macho muerto. Ambos ejemplares se remitieron al taller de taxidermia del Museo, junto con un croquis del terreno donde cayeron y unas cuantas piedras y otros materiales del mismo lugar. La procedencia del lobezno no está documentada en el archivo.

Ese material histórico, reunido en un tiempo en el que la preocupación por la conservación del medio ambiente no era una prioridad para la mayor parte de la población, hoy es gestionado por el Museo para instruir al público acerca de este animal mítico que puebla nuestros montes y leyendas. Por eso, antes de alejarse de esta vitrina, no hay que olvidar mirar las patas de cualquiera de los dos adultos. Una clara línea de color oscuro las recorre en toda su longitud. Ese trazo negro permite diferenciar a nuestro lobo, al de aquí, la subespecie ibérica que, en referencia a esa neta firma, se conoce con el nombre científico de *Canis lupus signatus*.

**hembra en el centro y lobezno acostado a sus pies**

# los rebecos

El espectacular grupo de los rebecos es uno de los primeros proyectos que los hermanos Benedito abordaron con el ambicioso estilo escenográfico que iba a caracterizar su trabajo para el Museo. Fue realizado por Luis con ayuda de su hermano José María hacia 1913. La elección de los rebecos cantábricos, concretamente de los Picos de Europa, para este temprano e importante montaje no es casual. No solo se trata de un animal típico de la Península, concretamente la subespecie *Rupicapra pyrenaica parva*, propia de las montañas cantábricas y distinta de otras formas europeas, sino también de una pieza venatoria altamente valorada por los cazadores y, en particular, por cierta élite aristocrática, amante a un tiempo de la caza mayor y de la alta montaña, a la que pertenecía el mismísimo rey Alfonso XIII.

Es más, los ejemplares concretos de rebeco de que dispusieron los Benedito fueron un regalo del propio rey al Museo. El interés de don Alfonso XIII por este hermoso animal se relaciona con una tradición previa, pues ya su padre Alfonso XII había realizado expediciones a los Picos de Europa a finales del siglo XIX para cazarlo. Y también se relaciona con los esfuerzos para proteger las últimas poblaciones de rebecos cantábricos precisamente, y aunque parezca paradójico, de la persecución de los cazadores.

En efecto, en 1905 Alfonso XIII había patrocinado, a instancias de su amigo el también cazador y alpinista Pedro Pidal, la creación del Coto Real de los Picos de Europa, una novedosa fórmula de protección destinada a preservar a estos encantadores animales. El éxito obtenido en esta temprana operación conservacionista ayudó más tarde a la creación, también en los Picos de Europa y también por iniciativa de Pidal, del Parque Nacional de Covadonga. Ocurrió en 1918 y fue el primero de nuestros parques nacionales, inaugurado en un acto presidido, una vez más, por el rey Alfonso XIII.

Formado por dos ágiles adultos, prontos al salto o la carrera, y un cabrito echado en más dulce y reposada actitud, el grupo de los rebecos presenta, por otra parte, lo que será una de las constantes estilísticas en el trabajo de los Benedito sobre la fauna ibérica. Como ya se ha visto al comentar otros grupos en estas páginas, las escenas de carácter familiar les permitían no solo presentar las variantes morfológicas propias de individuos de distinto sexo y edad sino también ofrecer al gran público una estampa amable y atractiva de la vida animal. Los ejemplares de museo trataban de seguir siendo seres vivos, sujetos a las peripecias de la existencia, unidos a los miembros de un grupo familiar, relacionados con otras especies, vinculados a un determinado escenario natural.

# el acantilado marino

El conjunto de aves que ocupa el espacio central de la última sala no es del todo un grupo de los hermanos Benedito. Se trata de una recreación reciente realizada con ejemplares naturalizados por José María Benedito. En este último espacio dedicado al medio marino y costero, fundamentalmente ocupado por invertebrados acuáticos, ese pequeño acantilado presenta parte de las aves marinas de nuestras costas: (1) frailecillo (*Fratercula artica*), (2) arao común (*Uria algae*), (3) alca (*Alca torda*), (4) gaviota patiamarilla (*Larus cachinnans*), (5) cormorán moñudo (*Phalacrocorax aristotelis*), (6) cormorán grande (*Phalacrocorax carbo*), (7) alcatraz común (*Sula bassana*), (8) gaviota reidora (*Larus ridibundus*), (9) pardela mediterránea (*Puffinus mauretanicus*) y (10) pardela cenicienta (*Puffinus diomedea*).

Hubo un tiempo en que un acantilado mayor, obra, este sí, de los hermanos Benedito, ocupó uno de los escasos dioramas completos del Museo. Se trataba de montajes en los que los animales naturalizados se situaban en pequeños espacios empotrados en la pared. En ellos, además de reconstruirse el hábitat de la especie, se añadía una decoración mural a modo de trampantojo. Tal vez el más popular de todos fue el dedicado a las cabras monteses de la Sierra de Gredos, con dos machos, dos hembras y un chivo emplazados en un paisaje de cumbres que, de forma novedosa, se dotó de una iluminación especial que remedaba el amanecer y el atardecer en el techo de Castilla. El resto estuvieron dedicados a las aves. Además del ya citado acantilado marino, queda constancia documental de otros: los buitres (con ejemplares de buitre negro y leonado), las garzas (con garzas reales, imperiales y un avetoro), los flamencos (poblado únicamente por cuatro ejemplares de flamenco rosa y al que ya hemos hecho referencia) y los patos de la Albufera de Valencia (un abigarrado rincón de la laguna interior con tarros canelos y blancos, ánades silbones, reales y rabudos, porrones comunes y pardos, patos cuchara y cercetas comunes y pardillas).

Los documentos del archivo y unas cuantas fotografías es todo lo que hoy hace referencia a esos pequeños escenarios de naturaleza artificial, desmontados durante la reforma de los años 80 del pasado siglo. Sin embargo, la recreación posterior de ese trocito de farallón es prueba evidente de que la obra de los hermanos Benedito sigue íntimamente ligada a la historia del Museo Nacional de Ciencias Naturales. Sus grupos biológicos, auténticas joyas de la taxidermia científica, continuarán llenando sus salas porque son una herencia material única y excepcional, un legado histórico insustituible que, con el paso del tiempo, se ha convertido en emblema indiscutible de esta institución.

**▲ Vista general del acantilado marino con diferentes especies de aves**

# Para saber más

Santiago Aragón, 2005. La conservación de animales naturalizados de valor histórico. *Quercus 228*, páginas 32 a 38.

Santiago Aragón, 2005. *El zoológico del Museo de Ciencias Naturales de Madrid*. CSIC, Madrid, 235 páginas.

Agustín J. Barreiro, 1992. *El Museo Nacional de Ciencias Naturales (1771-1935)*. Doce Calles. Aranjuez, 509 páginas.

Santos Casado de Otaola, 2001. *Quiroga, Calderón, Bolívar. La ciencia en el campo. Naturaleza y regeneracionismo*. Nivola, Tres Cantos, Madrid, 128 páginas.

Santos Casado de Otaola, 2010. *Naturaleza patria. Ciencia y sentimiento de la naturaleza en la España del regeneracionismo*. Marcial Pons Historia, Madrid, 384 páginas.

Alberto Gomis Blanco y Soraya Peña de Camus Sáez (editores). *Hace 100 años el Museo estrenó sede (1910-2010)*. Catálogo de la exposición organizada en el Museo Nacional de Ciencias Naturales de Madrid. CSIC, Madrid, 149 páginas.

María José Rubio Aragonés, 2001. *Familia Benedito: un siglo de taxidermia y arte en la caza*. Ayuntamiento de Badajoz, Badajoz, 155 páginas.

CATÁLOGO GENERAL DE PUBLICACIONES OFICIALES
HTTP://WWW.PUBLICACIONESOFICIALES.BOE.ES/

GOBIERNO DE ESPAÑA MINISTERIO DE ECONOMÍA Y COMPETITIVIDAD

CSIC
CONSEJO SUPERIOR DE INVESTIGACIONES CIENTÍFICAS

**Director MNCN**
Esteban Manrique Reol

**Vicedirectora de Exposiciones y Programas Públicos**
Soraya Peña de Camus Sáez

**Vicedirectora de Colecciones**
María Luz Peñacoba Quintana

**Vicedirector de Investigación**
Andrés Barbosa Alcón

**Conservadora de colección de aves y mamíferos**
Josefina Barreiro

**Diseño gráfico**
Jorge Fuente Lasala,
Alfonso Nombela Gómez

**Impresión**
Ediciones Doce Calles S.L.

**eISBN:** 978-84-00-09497-3
**ISBN:** 978-84-00-09496-6
**Depósito legal:** M-24932-2012

**Edita:** Museo Nacional de Ciencias Naturales. CSIC